疯狂动物城科普丛书

森林里的动物

sen lín lǐ de dòng wù

李吉奎 编著

南京出版传媒集团
南京出版社

图书在版编目（CIP）数据

森林里的动物 / 李吉奎编著. -- 南京 : 南京出版社, 2016.12
（疯狂动物城科普丛书）
ISBN 978-7-5533-1550-8

Ⅰ. ①森… Ⅱ. ①李… Ⅲ. ①动物－少儿读物 Ⅳ. ①Q95-49

中国版本图书馆 CIP 数据核字（2016）第 241193 号

书　　名：森林里的动物
作　　者：李吉奎
出版发行：南京出版传媒集团
　　　　　南 京 出 版 社
社址：南京市太平门街 53 号　　邮编：210016
网址：http://www.njcbs.cn　　电子信箱：njcbs1988@163.com
淘宝网店：http://njpress.taobao.com　天猫网店：http://njcbcmjtts.tmall.com
联系电话：025-83283893、83283864（营销）　025-83112257（编务）

出 版 人：朱同芳
出 品 人：卢海鸣
责任编辑：潘　珂
装帧设计：睿通文化
责任印制：杨福彬

印　　刷：北京龙跃印务有限公司
开　　本：700 毫米 ×1000 毫米　1/16
印　　张：6
字　　数：60 千字
版　　次：2016 年 12 月第 1 版
印　　次：2016 年 12 月第 1 次印刷
书　　号：ISBN 978-7-5533-1550-8
定　　价：16.80 元

淘宝网店　天猫网店

营销分类：科普

序 言

在茂密的大森林里，生活着许许多多的小动物：有在枝头高声歌唱的黄鹂鸟，有在大树上睡懒觉的蜂猴，有在林中争斗的大角驼鹿，有身披铠甲到处钻洞的穿山甲，有在林间时隐时现寻找猎物的狐狸，有在树上织网的捕鸟蛛……

森林里的动物真是太多了，数也数不清。要想深入了解它们，就请翻开本书，让我们一起走进森林王国，探索它们不为人知的秘密吧！

目录

森林巨人——驼鹿

sen lin ju ren　tuo lu

生物特征

最大的鹿

驼鹿是世界上体形最大的鹿，一般体长为 2 米以上，体重 400 ~ 700 千克，最高纪录达 1 000 千克，故有“森林巨人”之称。

驼鹿的鼻子肥大并且有些下垂，上嘴唇膨大而延长，比下嘴唇长，脖子特别粗壮，长有倒竖的短鬃，在喉下还有一条下垂的肉柱，上面长着很多毛，称为颌囊。

驼鹿的肩部隆起，就像驼背一样。四条腿是灰白色的，就好像穿着一双白色的长筒袜。身后拖着一条与庞大的体形很不相称的短尾巴。

它们浑身披着棕黄和灰色相混合的长毛，冬季换毛以后就变成深黑褐色。

驼鹿仅雄兽的头上有角，角是鹿类中最大的，而且角的形状特殊，与其他鹿类不同，不是枝杈形，而是呈扁平的铲子状，角面粗糙。从角基向左右两侧各伸出一小段后分出眉枝和主干，呈水平方向伸展，中间宽阔，很像仙人掌，在前方的 1/3 处生出许多尖叉，最多可达 30 ~ 40 个。角的长度超过 1 米，最长的可达 1.8 米，重量可达 30 ~ 40 千克。

驼鹿小档案

别称： 堪达犴

分布区域： 欧亚大陆北部和北美洲北部

所属科目： 脊索动物门，哺乳纲，偶蹄目，鹿科，驼鹿属，驼鹿种

生活习性

栖息地

驼鹿是典型的亚寒带针叶林动物，主要栖息于原始针叶林和针阔混交林中，多在林中平坦低洼地带、林中沼泽地活动，不远离森林，但也随着季节的不同而有所变化。

春天多在针阔混交林、桦树林、山杨林以及河、湖沿岸柳丛茂密的地区活动；夏天大部分时间在沿河林地、河谷沼地等处活动，尤其喜欢山涧溪流、多汁植物茂盛的低洼地和沼泽地；秋天大多结群游荡在林间空地，林缘或林中沼泽地，山地溪流上游避风向阳的地方；冬季主要在山地阳坡的杨桦林、沼泽地的柳林灌丛等地活动。

雄兽平时单独活动，而雌兽和幼仔大多群居，偶尔有单独活动的。

以何为食

驼鹿最喜欢吃植物的嫩枝条，森林里植被茂盛，杨树、柳树、榛子树的嫩枝叶，睡莲、浮萍、蓬草等草本植物，都是它们的食物。

繁育

雌兽的妊娠期为 242 ~ 250 天，一般在翌年 5 月末至 7 月初产仔，每胎产 1 仔，偶尔产 2 仔。

刚出生的幼仔的体重为 10 ~ 12 千克，体色呈棕黄色，偶尔也有全身为白色的，被称为“白驼鹿”，十分珍稀。产仔后雌兽立即站立起来，为幼仔舔干身上的湿毛，幼仔也开始挣扎着站立，但又会摔倒，反复多次后，才能勉强站起。

10 ~ 14 天后，幼仔开始跟随雌兽活动，1 个月后开始吃草和嫩树叶，哺乳期大约为 3 个半月。1 岁以后就能独立生活，3 ~ 4 岁时达到性成熟。

换毛

驼鹿每年换一次毛，一般在 4 月初至 5 月脱落冬毛，先从耳、鼻部开始，然后是背部和四肢，依次逐渐脱换。换毛的迟早因性别、年龄的不同而有差异，通常是膘肥体壮的成年雄兽最先换毛，其次是幼仔和怀孕的雌兽，老弱个体可延迟至 7 月中旬。

驼鹿的本领

驼鹿虽然身躯庞大，却可以在池塘、湖沼中跋涉、游泳、潜水。它们在水中可以一次游20多千米，并且能潜入5.5米深的水下去采食水生植物，然后再浮出水面进行呼吸和咀嚼。

驼鹿在陆地上活动也非常自如，它们既能伸直颈部，甚至跃起前身取食树上的嫩枝、嫩叶和树皮，也能快速地奔跑，奔跑时时速可达55千米以上。

小宇宙之光

驼鹿在水中和陆地上都能找到食物，足见其本领之大。对于我们来说，应该向驼鹿一样，多学一些生存的本领，这样，日后走向社会时，才会有更多的选择机会。

探索·传奇

雄鹿争夺配偶的战斗

驼鹿在每年8月下旬到9月中旬发情，发情的雄兽异常兴奋，多在早晨和黄昏发出吼叫，经常在树干上磨角，将树皮蹭掉，使树干上留下许多痕迹，有时还用角拱地，翻起十几厘米高的泥土。雄兽能够在3千米外根据气味判断雌兽的位置，并且立即赶来，挥舞头角，发出一阵阵求偶的叫声。

如果此时有其他雄兽同时向雌兽靠拢，它们就会互相用巨大的角去拦阻对方，并大声咆哮。于是，一场激烈而壮观的战斗在所难免。两只雄兽先是彼此虎视眈眈，继而用巨大的角猛烈地向对方攻击，发出“噼啪噼啪”的击角声。在一般情况下，当一方被击败后，就会知趣地离开，但有时双方势均力敌，难免使其中一方受到伤害。如果这种角击经久不息，致使双方巨大而复杂的角扭在一起无法分开，时间一长，还可能会由于饥饿和疲劳而同归于尽。

速度与高贵的组合——梅花鹿

su du yu gao gui de zu he　mei hua lu

生物特征

梅花点点做外衣

梅花鹿是一种中型鹿，体长 120 ~ 140 厘米，体重 100 ~ 150 千克。梅花鹿的头部略圆，面部较长，鼻端裸露，眼大而圆，耳长且直立，颈部较长，四肢细长，尾较短。

梅花鹿给人一种高贵的气质，它们的毛非常漂亮，毛色随季节的改变而变化。夏季体毛为棕黄色或栗红色，无绒毛，在背脊两旁和体侧下缘镶嵌有许多排列有序的白色斑点，状似梅花，因而得名。冬季体毛呈烟褐色，白斑不明显，与枯草的颜色类似。

颈部和耳背呈灰棕色，一条黑色的背中线从耳尖贯穿到尾的基部。腹部为白色，臀部有白色斑块，周围有黑色毛圈。

雌兽无角，雄兽的头上有一对角，角上共有 4 个杈，角尖稍向内弯曲，非常锐利。

生活习性

梅花鹿小档案

别称：花鹿

分布区域：中国、日本、俄罗斯

所属科目：脊索动物门，哺乳纲，偶蹄目，鹿科，鹿属，梅花鹿种

生活环境

梅花鹿生活于森林边缘和山地草原一带，季节不同，它们的栖息地也会有所改变。它们大部分时间结群活动，群体通常为3～5只，多时可达20只。在春季和夏季，群体主要是由雌兽和幼仔所组成，雄兽多单独活动。

食物

梅花鹿以树叶和青草为食，板栗、野山楂、地榆等乔木和灌木的嫩枝叶及葛藤、何首乌、明党参、草莓等藤本、草本植物都是它们的食物。有时它们到山下采食油菜、小麦等农作物，还常到盐碱地舔食盐碱。

繁育后代

雌鹿妊娠期为 230 天左右，产仔于翌年 5 ~ 6 月进行，一般每胎仅产 1 仔，也有少数为 2 仔。产下的幼仔体毛呈黄褐色，有白色的斑点，几个小时后就能站立起来，第二天可随雌兽跑动。

雌兽觅食时先到林外四处张望，确信没有危险后，才把幼仔带出来，发现险情会发出惊叫，带着幼仔逃进密林。哺乳期为 2 ~ 3 个月，4 个月后幼仔便可以长到 10 千克左右。1.5 ~ 3 岁性成熟，寿命约为 20 年。

爆发吧！动物的小宇宙

本领

梅花鹿性情机警，行动敏捷，听觉、嗅觉均很发达，视觉稍弱，胆小易惊。由于四肢细长，蹄窄而尖，故而奔跑迅速，跳跃能力很强，尤其擅长攀登陡坡，连续大跨度地跳跃。奔跑时轻快而敏捷，姿态优美而潇洒，能在灌木丛中穿梭自如。

小宇宙之光

自然界中，动物之间离不开竞争。人类社会同样如此，如果没有了竞争，人们就会像梅花鹿一样消极懈怠、不思进取，所以，要想更好地生存下去，就必须参加“竞争”这场游戏。

探索·传奇

梅花鹿与狼的故事

众所周知，食肉动物是食草动物的天敌，相生相克。在美国阿拉斯加自然保护区，人们为了保护美丽的梅花鹿免遭狼的伤害，将狼消灭了。

梅花鹿没有了天敌，生活非常悠闲，它们不再像往日那样四处奔波，苦练奔跑的速度，而是繁衍了大量的后代。随着梅花鹿数量不断增加，一系列问题接踵而来，当地的草地沙化，环境恶化，而最让人揪心的是，瘟疫在鹿群间开始传播，大批的梅花鹿因此而死去。

后来，人们不得不重新引进了狼，于是，梅花鹿与狼之间的战争又开始了。虽然许多梅花鹿丧生狼口，但是，生存下来的梅花鹿却显得生机勃勃，恢复了往日的灵秀。

憨态可掬——树袋熊

han tai ke ju　shu dai xiong

生物特征

体态憨厚的小家伙

成年树袋熊身体长 70 ~ 80 厘米，体重 8 ~ 15 千克。它们体态憨厚，长相酷似小熊，有一身又厚又软的灰褐色短毛，胸部、腹部、四肢内侧和内耳皮毛呈灰白色。它们生有一对大耳朵，耳内有茸毛，鼻子裸露且扁平。尾巴经过漫长的岁月已经退化成一个“坐垫”，臀部的皮毛厚而密，因而树袋熊能长时间舒适潇洒地坐在树杈上睡觉。

生活习性

生活在桉树上

树袋熊是澳大利亚特有的物种，分布于澳大利亚东南沿海的尤加利桉树林区。它们一生中的大部分时间生活在桉树上，但偶尔也会因为更换栖息树木或吞食帮助消化的砾石下到地面。

白天，树袋熊通常将身子蜷作一团，在桉树上睡觉，晚间才外出活动。它们沿着树枝爬上爬下，寻找桉树叶充饥。由于所食的桉树叶含有有毒物质，所以它们需要长时间的睡眠来消化体内毒素。

无论是白天还是夜晚，当处于桉树上的时候，树袋熊会自然地呈现出各种坐姿和睡姿，同时也会因为躲避太阳或享受微风而不停地在树上移动位置。天气炎热时，它们会摊开四肢并微微摇摆，以保持凉爽；而天气变冷时，则会将身体缩成一团以保持体温。

树袋熊小档案

别称：考拉、无尾熊

分布区域：澳大利亚

所属科目：脊索动物门，哺乳纲，有袋目，树袋熊科，树袋熊属，树袋熊种

贪睡的动物

树袋熊是一种树栖动物，同时也是世界上最能睡的动物。它们栖息在桉树上，每天的睡眠时间约 20 个小时。清醒的时候，它们的大部分时间用来吃东西，可谓是一个真正的大懒虫。

食物

树袋熊是一种在饮食上非常挑剔的动物，它们唯一的食物是桉树叶，而且，树袋熊也不是所有的桉树叶都吃，在 600 多种桉树中，它们只吃其中的十几种。例如，它们特别喜欢吃玫瑰桉树、甘露桉树和斑桉树的叶子。

据统计，一只成年树袋熊每天能吃掉 1 千克左右的桉树叶。桉树叶汁多味香，以此为食的树袋熊身上总是散发着一种馥郁清香的味道。

繁育

通常情况下，树袋熊每胎只产一仔，刚生出来的幼崽体重仅5克左右，它们生活在母亲腹部的育儿袋中，以母乳维持生活。

5个月左右的时候，树袋熊妈妈会从盲肠中排出一种半流质的软质食物让自己的孩子吃。这种食物柔软而营养丰富，含有较多水分和微生物，易于消化和吸收，能够帮助小考拉度过从母乳到采食桉树叶的这段重要的过渡时期，直到小考拉可以完全地采食桉树叶为止。

小树袋熊采食半流质食物期间，会逐渐爬出育儿袋，直至完全地躺在母亲的腹部进行采食，最后终于开始采食新鲜的桉树叶并爬到母考拉的背部生活。

小树袋熊一般在1岁后离开母亲独立生活，3～4岁达到性成熟，寿命为10～15年。

树袋熊的本领

树袋熊肌肉发达，四肢修长且强壮，适于在树枝间攀爬。前肢与腿几乎等长，攀爬力量主要来自于发达的大腿肌肉。当接近树木准备攀登时，树袋熊从地上一跃而起，用它的前爪紧抓住树皮，然后再向上跳跃式攀登。所以，如果一棵树被考拉经常攀爬，树皮上留下的爪子的刮痕会非常明显。

厚厚的皮毛

考拉身上长有厚厚的皮毛，这对它们保持温度的恒定很有利，而且下雨时还可以当雨衣使用，以免身体遭受潮气和雨水的侵扰。

高度发达的嗅觉

树袋熊嗅觉灵敏，能轻易地分辨出不同种类的桉树叶，并判断哪些可以采食，哪些不能采食。当然，它们也能嗅出其他树袋熊标记的警告性气味。

小宇宙之光

树袋熊作为澳大利亚特有的物种，受到了人们更多的关注和保护。其实，每种生物都是平等的，都应该引起人们的重视和关注。

探索·传奇

树袋熊文化

树袋熊长相奇特而有趣，赢得了人们的青睐。

在澳大利亚，树袋熊像中国的大熊猫一样，被视为国宝。人们把它们可爱的形象铸在金币上。

澳大利亚人把澳洲特有的动物作为重要的旅游资源之一，树袋熊即是最有名的旅游形象大使。

澳大利亚人还模仿树袋熊的形象，制作了各种玩具。这些玩具深受孩子的欢迎，如今已经畅销世界各国。

人们把树袋熊作为友好、吉祥和幸福的象征。亲朋好友之间常以玩具树袋熊作为礼品相互赠送，另外在圣诞卡、生日卡上也时常看到树袋熊的图案。每逢节假日，经常能看到一些由人扮装的巨型“树袋熊”站在街头，向行人招手致意，并向人们宣传保护野生动物的重要意义。

爱干净的小熊——浣熊

ai gan jing de xiao xiong huan xiong

生物特征

可爱的小熊

因为浣熊在进食前要将食物在水中洗一洗再吃，故名。它们体形较小，体长为 40 ~ 65 厘米，尾长 25 ~ 35 厘米，体重一般不超过 10 千克。浣熊全身被覆灰色的毛，眼睛周围呈黑色，尾部有 5 ~ 6 个黑色环纹，看起来非常可爱。

生活习性

浣熊小档案

别称：无

分布区域：加拿大南部到美洲中部

所属科目：脊索动物门，哺乳纲，食肉目，浣熊科，浣熊属，浣熊种

不挑食

浣熊对食物一点都不挑剔，尽管它们属于肉食动物，但偶尔也会吃一些富含各类维生素的素食。如果能顺手抓到些昆虫、鸟蛋、小龙虾、青蛙或鱼，那就再好不过了。

栖息地

浣熊栖息于紧邻水域和沼泽地的落叶林中。白天它们在树上或洞穴中睡觉，晚上出来觅食。它们大多成对或结成群一起活动。

每次取食的时候，浣熊总是要将食物在水里洗上一番，才肯进食。浣熊喜欢在池塘、小溪旁等树木繁茂的地方活动，这大大节约了它们寻水洗食的时间。

繁育

浣熊只在繁殖期才会成对活动，平时温驯安详的雄浣熊在此时常常互相厮打。春天，雌熊通常会产下 3 ~ 5 只幼熊，并且独自照看它们。一年后，幼年浣熊便会离开母亲独自生活。

讲卫生的浣熊

浣熊能捕捉到水中的虾和螃蟹，当捕捉到这些小动物时，它会先洗去这些动物身上的泥土再吃。在吃其他食物之前，它们也总是要把食物放在水中洗一洗再吃。有时候，就算用来清洗的水很脏，它们也要将食物洗洗再吃。

动物学家认为，这是浣熊的一种本能，不知不觉就会去做的一种行为。就像狗会往土里埋食物、刺猬见人就会蜷缩成一团一样，是祖祖辈辈遗传下来的习性。

聪明的动物

浣熊的聪明才智表现在觅食上。在捕猎树鬣蜥时，它们常常分成两队，一队爬上树把瞌睡中的树鬣蜥追撵到地上，另一队就守候在树下将其捉住。浣熊还会偷偷地溜进果园，爬上树摇动树枝，使成熟的果子落到地面，然后再分享美食。

小宇宙之光

浣熊在与人类的接触过程中，给人们带来了很多麻烦，但是当地人都宽容地原谅了它们。正是这种宽容，才使得人们与动物和谐相处。

探索·传奇

为祸乡里的家伙

在温哥华可以看到成群的浣熊，一般居住在那里的人，十有八九都见过这个小家伙。那些在院子里种植瓜果蔬菜的

人家，会特别受到浣熊的“关照”。浣熊带着孩子溜进院子，大肆采食一番后就走了，等你发现的时候，院子里已经一片狼藉。

浣熊不只是偷点食物吃就算了，更令人头疼的是它们还是一群打洞高手。当地的房屋不少是木结构的，如果屋子有破损的地方，浣熊就会在屋顶、墙洞等处安居乐业，还会时不时给你的房间开上几个“新门”。原来比较崭新的屋子，在浣熊的一番折腾之后，就会变得千疮百孔。

对此，当地人感到很无奈。虽然说浣熊有点遭当地人记恨，但是人们还是以驱赶为主，毕竟它们的可爱还是多一点的。

秋千王子——长臂猿

qiu qian wang zi chang bi yuan

生物特征

手臂超长的猿猴

长臂猿是猿类中较小的一种，也是行动最灵活的一种，是我国一级保护动物。长臂猿前臂非常长，它们身高不足一米，双臂展开有 150 厘米，站立时手可触地，故名。

生活习性

在树市间飘荡

长臂猿生活在高大的树林中，采用“臂行法”行动，像荡秋千一样从一棵树到另一棵树。

当长臂猿在地面上活动时，它们会尝试用双腿走路，这个时候长长的手臂就成为保持平衡的工具。为了保持平衡，长臂猿在行走的时候需要不断地调整身体姿势，因此行走起来歪歪扭扭，样子非常滑稽。

长臂猿是一种非常喜欢热闹的动物，常以家庭方式聚集在一起。每群一般不超过5只，地域性很强，都有各自的地盘，不准他群侵入，否则就会发生纠纷。

长臂猿小档案

别称：无

分布区域：东起中国云南、海南省，西至印度阿萨姆邦以及整个东南亚地区

所属科目：脊索动物门，哺乳纲，灵长目，长臂猿科，长臂猿属

重感情的动物

长臂猿是一种非常重感情的动物。当猿群中出现受伤、生病或死亡者时，在相当的时间里，它们会不再唱歌和嬉闹，平常欢快的种群一下子寂静下来，陷入哀痛的氛围。

秋千王子

长臂猿有粗壮的手臂，依靠手臂的强大力量，它们穿林跃树如履平地。行动的时候，就用单臂把自己的身子悬挂在树枝上，双腿蜷曲，来回摇摆，像是荡秋千一样纵跃前进，一次腾空移动的距离有3米远，每次可以连续腾跃8～9米，此等技巧相信体操王子也望尘莫及。因此，人们称之为“秋千王子”。

出色的“歌唱家”

长臂猿的啼叫声极为嘹亮，可以与南美洲森林里的吼猴相媲美，被称为世界上最出色的高音歌星之一。

长臂猿的喉部生有喉囊，啼叫时，喉囊胀大，使啼声变得极其响亮。它们特别喜欢啼叫，歌唱的形式分别有雄猴的“独唱”，雄猴和雌猴的“二重唱”，雄猴与家庭成员的“大合唱”等。

最有趣的是声势浩大的“大合唱”，首先是成年雄猴引唱，然后成年雌猴伴以带有颤音的共鸣，接下来是群体中的亚成体单调的应和，音调由低到高，清晰而高亢，震动山谷，几千米之外都能听到。

其实，它们经常啼叫是群体内互相联系、表达情感的信号，同时也是对外敌的一种威吓。

小宇宙之光

长臂猿能在林间轻松地闪转腾挪，是在不断地练习的过程中日臻完美的。因此，学习本领没有捷径可走，只有勤学苦练方可学成。

探索·传奇

长臂猿的生存现状

由于近代人类活动的范围越来越大，对农田、房屋的需求使得原始森林不断被开发，再加上人类的无情捕杀，使得长臂猿的栖息地越来越小，种群数量明显减少。

白掌长臂猿分布在云南西南部的几个县境内，是我国长臂猿中数量最少的一种，仅剩 30 ~ 40 只。白眉长臂猿生活在云南北部，仅剩 100 只左右。白颊长臂猿分布于云南南部的几个县境内，仅剩 70 只左右。黑长臂猿仅能在云南、广西和海南等地看到，云南省仅有不足 1 000 只，其中有 1/3 生存在哀牢山、无量山一带。

看来，切实保护长臂猿还需要人们付出更多的努力。

纵跃于树梢枝头——白臀叶猴

zong yue yu shu shao zhi tou bai tun ye hou

生物特征

色彩斑斓的猴子

白臀叶猴因其雄性臀部具有三角形白色臀斑而得名。成体体长 61 ~ 76 厘米，尾长与体长差不多，重 10 千克左右。白臀叶猴的体色绚丽多彩，除了面部为黄色外，臀部及尾巴均是白色；面颊有一圈白须毛；眼睛深褐色，周围有黑圈。颈部有白色和栗色的条纹，下颌有红褐色的簇状毛，手和足均为黑色，体毛大部分是灰黑色。

生活习性

以大树为家

白臀叶猴主要栖息在热带森林，为完全树栖的猴子，常年待在树林冠层，几乎不在地面活动。

白臀叶猴档案

别称：海南叶猴、黄面叶猴

分布区域：中国海南岛和老挝、越南、柬埔寨等东南亚国家

所属科目：脊索动物门，哺乳纲，灵长目，猴科，白臀叶猴属，白臀叶猴种

食草动物

白臀叶猴以树木的鲜叶、嫩芽为食，有时也摘树上的野果吃，它们很少喝水，可能是从树木的嫩叶和幼芽中已经吸取了所需的大部分水分，另外还能从清晨枝叶上的露珠得到一部分水分。

群居而生

白臀叶猴是群居动物，群体成员一般为 4 ~ 10 只，其中包括成年雄兽、成年雌兽和若干幼仔。有时也能见到 50 只以上的大群，这似乎是几个家族的临时聚合。群体中常可见到雌性为雄性理毛，这种行为对联络个体间的感情，维系群体成员的关系起着重要的作用。

繁育后代

白臀叶猴成熟年龄较晚，繁殖率也低。雄性5岁性成熟，雌性为4岁，每次只产一仔，怀孕期为165天左右。初生的幼仔身体为白色，面部为黑色，眼睛附近有白斑，毛冠及颈、背部为红色。幼仔受到群体中所有雌兽的关注，它们争相搂抱并为之理毛。

爆发吧！动物的小宇宙

空中杂技

白臀叶猴纤瘦的身躯、细长的四肢、发达的臀部与树栖生活相适应，在树林中或陡峭的绝壁上跳跃自如，行走如飞，宛如在高空中表演的杂技艺术家。

小宇宙之光

白臀叶猴的攀缘本领几乎与生俱来，作为人类，即便付出再多的努力，也无法达到它们的水平。由此可知，现实生活中，与其徒劳地羡慕他人的长处，不如真正认识自己，找到自己的长处并且不断强化，终有一天，你也能达到无人企及的高度。

探索·传奇

中国的白臀叶猴

白臀叶猴在中国仅分布于海南岛。海南岛地域狭小，那里的白臀叶猴行动诡秘，且数量一直很少，因此，很长时间以来，白臀叶猴一直不为人们所知。直到1893年，德国德累斯顿自然博物馆给伦敦动物学会写的一封信中提到，这个博物馆收到一只白臀叶猴雄兽的标本，据说来自中国的海南岛。但从那时到现在，已经过了100多年，人们不仅从来没有采到第二只白臀叶猴的标本，也没有发现过它的任何踪迹，因此白臀叶猴在我国很可能已经灭绝。

树上的瞌睡虫——蜂猴

shu shang de ke shui chong feng hou

生物特征

可爱娇小的大眼猴

蜂猴属于懒猴科蜂猴属，体形较小，成体体长约 30 厘米，体重约 700 克。它们头部圆圆的，吻短，最为突出的是两只圆圆的大眼睛，耳朵较小，呈圆形。四肢短粗，大拇趾与其他四趾相对，形成镊子的形状，可以拿握东西。蜂猴的身体为深灰色或橙黄色，正中有一棕褐色脊纹自顶部延伸至尾基部，腹面为棕色，眼睛有黑褐色环斑。

生活习性

蜂猴小档案

别称：懒猴

分布区域：中国、印度、斯里兰卡

所属科目：脊索动物门，哺乳纲，灵长目，懒猴科，蜂猴属，蜂猴种

贪睡的懒猴

蜂猴栖息于热带雨林及亚热带季雨林中，它们几乎完全生活在树上，很少到地下活动。这是因为蜂猴畏光怕热，白天它们在树洞、树干上抱头大睡；到了夜晚，它们才从睡梦中醒来，慢悠悠地爬起来寻找食物。

蜂猴行动非常缓慢，走一步似乎要停两步。有人曾作过一番观察，蜂猴挪动一步，竟需要 12 秒。只有在受到攻击时，速度才有所加快，故此被称为“懒猴”。

食物

蜂猴主要以野果、树叶和花蕾为食，也捕捉昆虫、小鸟，特别爱吃鸟蛋。

繁育后代

蜂猴一般在每年的 6 ~ 8 月繁殖，交配后，它们通常在冬末春初产仔，每胎 1 仔。哺乳期约为 7 个月。幼仔出生 8 个月后即能单独活动，真正离开母亲独立生活一般要到 1 岁左右。从出生至性成熟约需两年。

懒猴有懒招

蜂猴虽然行动缓慢，却有保护自己的绝招。由于蜂猴一天到晚很少活动，地衣或藻类植物得以不断吸收它身上散发出来的水汽，竟在蜂猴身上繁殖、生长，把它严严实实地包裹起来，使它有了和生活环境色彩一致的保护衣，很难被敌害发现。

当捕食者上树时，它们会缩成一团从树上落下，从而逃避危险。有时它们也会采取牙齿咬的方式御敌。

小宇宙之光

先天的因素决定了蜂猴行动非常缓慢，为了能够在危险重重的大自然中生存下去，它们采用伪装的方式保护自己。看来，每种动物都必须学会几种自保或者御敌的绝招。人类也同样如此，只有掌握了一技之长，才能在激烈的社会竞争中生存。

探索·传奇

蜂猴在中国的现状

蜂猴在中国数量非常稀少。1993年，广西西南部宁明的蜂猴已经绝迹，仅靖西、龙州和凭祥可能尚有部分残存；云南中部无量山和哀牢山已高度濒危，残存数量可能不及50只。1988年，数量可能比较多的云南南部和西部数量为1 500 ~ 2 000只。

目前，蜂猴在我国仅见于云南南部地区。据有关部门统计，其总数量已不及500只。

由于分布区狭窄，繁殖率低，目前蜂猴数量已经相当稀少，处于濒危状态。

诡计多端——狐狸

gui ji duo duan　　hu li

生物特征

拖着长长的尾巴

狐狸是狐属动物的统称，包含十几个不同的种，如孟加拉狐、阿富汗狐、藏狐、苍狐、草原狐、赤狐、白狐等。

狐狸身体细长，脸面狭窄，嘴尖，四肢短，拖着一条长长的、生有蓬松长毛的大尾巴。成体体长为70厘米左右，尾长约45厘米。大多种类的狐狸耳朵大、直立、呈三角形。不同种类的狐狸颜色不同，即使同种的狐狸颜色也有区别，体色多为单一的红色、黄色、浅棕、灰色、白色或黑色等。

狐狸的眼睛能够适应黑暗，瞳孔椭圆形，发亮，类似于猫的眼睛。大部分狐狸有刺鼻的味道，这种气味是由尾巴根部的臭腺放出的。

生活习性

狐狸小档案

别称：狐

分布区域：各大洲均有分布

所属科目：脊索动物门，哺乳纲，食肉目，犬科，狐属

栖息地

狐狸一般生活在森林、草原、半沙漠、丘陵地带，居住在树洞或土穴中，傍晚外出觅食，天明始归。在繁殖季节，它们常常结成小群，其他时间多单独生活。

生性多疑

狐狸生性多疑，出洞前先要停在洞口听听外面的动静，一旦确信无异常情况时，它们才会像子弹出膛一样从洞口跳出来，以防蹲守在洞口的敌人偷袭。

一旦自己的幼仔被别人发现，狐狸就会连夜搬家，以防有人破坏巢穴，伤害幼狐。

从不挑食

狐狸能忍饥受饿，吃东西从不挑肥拣瘦。它如果能吃到野兔、山鸡，则心满意足；捉到老鼠、小鸟、鸟蛋也不扫兴；再不然吃小鱼、青蛙也毫不介意；实在没有办法时，蠕虫、昆虫、野果也可以充饥解馋；饿得不行的时候，它就冒险闯入村庄偷鸡、偷鸭，干起小偷的勾当，以求活命。

繁育后代

母狐一般在每年2～5月繁殖，怀孕期为51～52天，每胎可产6～8个幼崽。刚出生的小狐狸全身毛色为黑灰色，唯有鼻尖为粉红色。此时，它们什么也看不见，全靠母亲的保护和喂养。1个月后，它们才能慢慢站立，眼睛变大，身上长出浅棕色的毛。2个月后，狐狸的外形基本呈现出来，但站立、奔跑依旧困难，毛已经完全长齐。成年后，下颌长出胡须，耳部变尖，腿部修长，可以独自奔跑、捕食了。

爆发吧！动物的小宇宙

诡计多端

狐狸虽然没有强壮的身躯、锋利的爪牙作为捕猎的工具，也不会像狼一样成群结队觅食，却颇具心计。

狐狸看见野兔时，会表现出一副漫不经心的样子，有时还假装与另一个伙伴打架，或装模作样做出各种动作，以吸引兔子的注意，打消它的顾忌，待兔子好奇地想看个究竟时，狐狸会冷不防一跃，把发呆的野兔抓住，作为自己的美餐。

狐狸发现池塘或沼泽中有野鸭时，会悄悄地潜入水中，并且弄来一些枯草、树叶盖在头上乔装打扮一番，只将鼻子和眼睛露出水面，然后慢慢向野鸭移动，等到接近时，则来个突然袭击，把野鸭抓住。

如果发现猎人在野地里设陷阱，狐狸会在猎人离开后跑到陷阱旁边，留下气味告诫同伴：此处危险，请绕行。

猎人捉到狐狸的时候，它还有“假死”的本领，暂时像奄奄一息，任人摆布，乘人不备时突然翻身一跳而逃走。

秘密武器

狐狸的尾部有一臭腺，当敌人追捕时，它会突然放出臭气，在臭气的袭击下，敌人迷失了追捕的方向，狐狸则逃之夭夭。

小宇宙之光

人们常给狐狸冠以狡猾的修饰语，但这种狡猾却是它们赖以生存的本领。对于我们来说，做事情时，只要觉得问心无愧，就不必在乎别人的看法。

探索·传奇

有关狐狸的传说

在中国人眼中，狐狸象征着虚伪、奸诈和狡猾，也象征着美丽妖娆的坏女人。在东亚古代传说中，多年修炼的狐狸可以成狐狸精，变成人，发人语。

例如，章回小说《封神演义》中迷惑纣王的妲己就会吸人魂魄，再由她的躯壳变成绝色美女；小说《聊斋志异》中有很多篇目都与狐狸精有关；《山海经》中也有关于九尾狐的传说。

在日本人心目中，狐狸是一种神秘的动物，它们会使用一种类似障眼法的幻术，身体可以变成任意形状，或者把树叶变成钱用来欺骗人类。同时，因为狐狸会帮助农民抓捕破坏农作物的田鼠、野兔等，所以也被视为稻荷神的使者。

机警的变色兔——雪兔

ji jing de bian se tu　xue tu

生物特征

个体较大的野兔

雪兔是寒带、亚寒带代表动物之一，是一类个体较大的野兔，体长一般为 50 厘米左右。耳朵比普通野兔短，尾巴亦短。雪兔为了适应冬季严寒的雪地生活，冬天毛色变白，仅耳尖和眼周为黑褐色；夏天毛色变深，多呈赤褐色。

生活习性

栖息地

雪兔生活在寒带或亚寒带针叶林区的沼泽地边缘、河谷的芦苇或灌木丛中，它们一般单独活动，白天隐藏在灌木丛或洞穴中，清晨、黄昏及夜里出来活动。

雪兔小档案

别称：变色兔

分布区域：欧洲北部、俄罗斯、日本、蒙古以及中国黑龙江、内蒙古、新疆等地

所属科目：脊索动物门，哺乳纲，兔形目，兔科，兔属，雪兔种

食草动物

雪兔是典型的食草动物，以草本植物及树木的嫩枝、嫩叶为食，冬季还啃食树皮。取食的时候细嚼慢咽，一般不喝水。

求偶

每年的 3 ~ 5 月是雪兔的繁殖季节，此时，雄兔开始到处活动，寻找雌兔。为了得到雌兔的青睐，雄雪兔往往做出一副癫狂状，欢蹦乱跳，手舞足蹈。也许在它的眼里这是一种非常优美的舞蹈，但在我们看来，就像发疯了一样。

这段时间里，每只雌兔的后边都会跟随着几只雄兔，有时甚至会出现七八只雄性为了争夺一只雌性而发生争斗。打斗时，它们先用后腿站立，然后用前爪猛击对方头部，或者撕咬在一起，只有打到剩下一只，那么它才能真正地追求到雌兔。

幼兔出生与成长

雪兔的孕期约为 50 天，每胎产 2 ~ 10 仔，以 2 ~ 5 仔居多。初生幼仔身体生有密毛，体重为 90 ~ 120 克，出生后就能睁开眼睛，20 天后开始独立生活，9 ~ 11 个月达到性成熟。

敏锐而警觉的感官

雪兔的视觉敏锐，两只大眼睛可以观察到宽广的视野范围，可以同时前视、后视、侧视和上视，可谓眼观六路。

雪兔的嗅觉十分灵敏，将巢穴建在通风的地方，睡觉时鼻子朝上，以便随时嗅到随风飘来的天敌气味。

雪兔的听觉灵敏，两只耳朵也警惕地倾听着任何一点异常的声音。

擅长跳跃的腿

雪兔的腿肌发达而有力，善于跳跃。它平时活动多为缓慢跳跃，受惊时便一跃而起，以迅雷不及掩耳的速度飞驰而去，顷刻间消失得无影无踪。它在快跑时一跃可达 3 米多远，时速为 50 千米左右。

跑动之中常常腾空而起，高达 1 米以上，以便观察周围的动静，再确定逃跑的方向。在奔跑时，它还能突然止步、急转弯，以摆脱天敌的追击。

机警的性情

雪兔的天敌众多，几乎是所有肉食动物的捕猎对象。为了生存下来，雪兔养成了机警的性情。

科学家发现，雪兔的行动无一定规律，活动时通常先耸耳静听以决定去向。离窝前制造假象以迷惑天敌，例如，它从不沿自己的足迹活动，总是迂回绕道进窝，接近窝边时，先绕着圈子观察，确定无危险后，再慢慢地退着进窝。

小宇宙之光

雪兔处于食物链的底端，从人类的角度来看，属于谁都敢欺负的弱者。事实上，在残酷的现实面前，雪兔早已练就了一身躲避天敌的本领，这也是这一物种延续至今的重要原因。看来，世界上没有真正意义的弱者，有的只是软弱的内心，只要善于总结经验，并积极地应对，终有一天，弱者也会变为强者。

探索·传奇

雪兔为何吃自己的粪便

雪兔的粪便有两种，一种是圆形的硬粪便，是一边吃草一边排出的；另一种是由盲肠富集了大量维生素和蛋白质，由胶膜裹着的软粪便，常常在休息时排出。软粪便排出后，雪兔会重新吃掉，以充分利用其中比普通粪便中多 4 ～ 5 倍的维生素和蛋白质等营养物质。有了这种双重消化的功能，雪兔才能在食物缺乏的时候忍受饥饿的困扰。

身披铠甲——穿山甲

shen pi kai jia chuan shan jia

生物特征

全身披甲的动物

穿山甲体形狭长，全身有鳞甲，四肢粗短，尾扁平而长，背面略隆起。成体身长 50 ~ 100 厘米，尾长 10 ~ 30 厘米，体重 1.5 ~ 3 千克。

它们的头呈圆锥状，眼小，吻尖。舌长，无齿。耳不发达。四肢粗短，有强壮的爪子，便于挖洞。两颊、眼、耳以及颈腹部、四肢外侧、尾基都生有长的白色和棕黄色稀疏的硬毛。

全身鳞甲如瓦状，自额顶部至背、四肢外侧、尾背腹面都有。鳞甲从背脊中央向两侧排列，呈纵列状。鳞片呈黑褐色。

生活习性

穿山甲小档案

别称： 鲮鲤、龙鲤、石鲮鱼

分布区域： 非洲和亚洲各地

所属科目： 脊索动物门，哺乳纲，鳞甲目，穿山甲科，穿山甲属

栖息地

穿山甲一般多栖息于热带及亚热带地区的山麓、丘陵或灌丛杂树林等较潮湿的地方，它们白天常居洞中，并用泥土堵塞洞口，晚间多出外觅食。

穿山甲走路的姿态很独特，将前肢的趾反背向后，用趾背关节着地行走，很像是跪着行进，后肢则是跖行。它还会用后肢和尾巴支撑地面，直立起来一边行走，一边四处观望，给人感觉一副东倒西歪、心不在焉的样子。

食物

穿山甲的主要食物是蚂蚁，除此之外，它也捕食蜜蜂、胡蜂和其他昆虫的幼虫。

繁育后代

穿山甲是胎生动物，其繁殖时间多在 4 ~ 5 月，妊娠期为 5 ~ 6 个月，分娩在 12 月至翌年 1 月。

穿山甲每年 1 胎，初生幼仔体重为 90 ~ 130 克，无鳞，为浅白色，半月龄睁眼。1 个月后，鳞片渐次角化，多为黑褐色。2 个月后，可随母亲外出觅食。6 个月仔兽体重达 1 500 ~ 2 000 克，可离开母兽独立生活。

打洞能手

穿山甲打洞的本领很大，它先用前肢锐爪挖土，再利用身上鳞甲的活动把挖出的土推送出去。如此周而复始，宛如一台凿洞穿山的机器，“穿山甲”的名字就由此而来。

应对敌害

穿山甲的外壳由被称作角蛋白的有机骨骼结构组成，大约占身体总体重的20%。这些外壳异常坚硬。当穿山甲遇敌时，就会蜷缩成球状，坚硬的壳体令猛兽不知从何处下口。当狮子等大型食肉动物试图去咬缩成一团的穿山甲时，穿山甲就会让身上的鳞片做切割运动，割破敌人的嘴巴。

细长而灵活的舌头

穿山甲的舌头细长，能伸缩，带有黏性唾液。觅食时，它以灵敏的嗅觉寻找蚁穴，用强健的前肢爪掘开蚁洞，将鼻吻深入洞里，用长舌舔食之。

维护生态平衡的卫士

穿山甲的食量很大，一只成年穿山甲的胃可容纳500克白蚁。科学家发现，在250亩林地中，只要有一只成年穿山甲，白蚁就不会对森林造成危害，可见穿山甲在保护森林、堤坝，维护生态平衡等方面起着重要的作用。

爬树的本领

穿山甲上树时用尖锐的爪子钩住树干，并用强大的尾巴作支撑物，较为灵便。下树时则显得笨拙一些了，只好把长长的身体蜷缩成一团，滚到树下，因为有鳞甲的保护，不管爬得多高，摔到地上也会安然无恙。

轻松渡河

由于穿山甲全身皮下有1厘米厚的脂肪层，鳞片的空隙也能存贮空气，故能轻松地在水中游泳。游泳时，头和背部露出水面。有时，它们可以泅渡较大的河流。每当居住的地方食物缺乏的时候，穿山甲就运用这些技能穿越山岭，进行迁移，寻觅新的栖身之地。

小宇宙之光

对于穿山甲来说，只要找准一个点，它就能钻出一个洞来。这个道理同样适用于人类：只要找准一个点，并且永不停息地努力，终会有所收获。

探索·传奇

穿山甲的“房子”

穿山甲的房子非常讲究，有冬夏之别。

夏天住的叫作夏洞，建在通风凉爽、地势较高的山坡上。为防止雨水进入洞穴，洞内隧道较短，大约为30厘米，里面结构比较简单。

冬天住的叫作冬洞，筑于背风向阳、地势较低的地方，距地面垂直高度有4米多，洞内结构比较复杂。隧道弯弯曲曲，形似葫芦，每隔一段距离还有一道用土堆起的土墙。洞穴的长度可达10余米，会穿过几个白蚁的巢，以备穿山甲冬季的食物。洞的尽头有一个较为宽敞的凹穴，里面铺垫着细软的杂草，用以保暖，是其越冬的住所，当然，它们生宝宝的时候也住在这里。

能滑翔的青蛙——树蛙

neng hua xiang de qing wa shu wa

生物特征

上树的青蛙

树蛙的种类较多，较有名的有红眼树蛙、黑蹼树蛙等。树蛙的外形和青蛙类似，依种类的不同而体色各异。它们与普通青蛙最大的区别是后肢长，趾间有发达的蹼和吸盘，可以上树，也可以在低空滑翔。

生活习性

栖息环境

树蛙属于两栖爬行动物，一般生活在潮湿的阔叶林或者湿地，多栖息于树上。它们白天躲在阴暗的地方，晚上出来觅食。

树蛙小档案

别称：飞蛙

分布区域：亚洲、非洲

所属科目：脊索动物门，两栖纲，无尾目，树蛙科

繁殖

树蛙的繁殖能力很强，产卵期一般在5月到8月之间。它不在水里产卵，而是把卵产在池塘旁边的树叶上。雌蛙产卵时会有液体从体内排出，这些液体形成泡沫状，卵就在泡沫里面。小蝌蚪就在这团乳白色的泡沫里孕育，随后会自己移动到水里或者被雨水冲刷进池塘里。

爬树与滑翔

树蛙的前腿短，后腿长，脚趾上有厚厚的吸盘，它可以在树上自由爬行。脚趾间有蹼，蹼很发达，可以在空中滑翔，但不能控制滑翔的方向与距离。

小宇宙之光

动物是人类的老师，我们可以从中得到很多启示。只要我们细心观察，认真思考，总会从中受益。

探索·传奇

来自树蛙脚趾的灵感

树蛙可以利用脚趾倒挂在树上，一只脚的粘合力可以达到它体重的 50 ~ 100 倍，这种黏合不但不受沙尘或者其他微粒的影响，而且可以在极短的时间内解除。对此，科学家研究发现，这是树蛙脚趾的腺组织能分泌黏液的缘故，并由此得到灵感，研制出了一种超级胶带：当黏合物与胶带之间的粘力变小时，这种超级胶带就会释放黏液，这样物体与胶带之间又可以粘得很紧了。这种胶带有很强的实用价值，比如可以用在需要很大抓力的手套上。另外，它还有一个优点，就是撕下黏合物时不会留下痕迹，方便易行，实用环保。

捉鸟的蜘蛛——捕鸟蛛

zhuo niao de zhi zhu

bu niao zhu

生物特征

身披细毛的蜘蛛

世界上的捕鸟蛛种类很多，大部分的体型都很小，左右两腿之间的跨度只有2厘米左右。不过，捕鸟蛛以其为数不多的大型成员而闻名，如分布在南美洲北部的亚马孙食鸟蛛。这种蜘蛛体形最大者左右两腿之间的跨度为28厘米，相当于一个餐盘大小。以重量论，这是世界上最大的蜘蛛。

捕鸟蛛的外形与普通蜘蛛类似，它们的身上大多长满密密麻麻的毛，体色因品种不同各异。

生活习性

栖息地

捕鸟蛛多生活在热带或亚热带的深山丛林中，它们白天隐藏在网附近的巢穴或树根间休息，夜间出来觅食。

食物

捕鸟蛛是肉食动物，因靠捕鸟为食而得名。其实，捕鸟蛛的食物并不仅限于鸟类，青蛙、蜥蜴、昆虫等都是它们的猎物。

捕鸟蛛小档案

别称：食鸟蛛、扑鸟蛛

分布区域：北回归线以南的热带、亚热带山区和半山区

所属科目：节肢动物门，蛛形纲，蜘蛛目，捕鸟蛛科

捕猎高手

捕鸟蛛是自然界中最巧妙的猎手之一，它能够在树林之间编织黏性很强的网，一旦猎物落入网中，就很难逃脱被它吃掉的厄运。

动物学家研究发现，捕鸟蛛织的蛛网非常结实，能承受300克的重量。同时，它所编织的网非常大。1975年，在墨西哥就曾发现一株大树被一张巨大而多层的蛛网所遮盖，最大的网竟能将一棵18.3米高的大树上部3/4的树枝遮蔽。

当猎物落网后，捕鸟蛛就迅速爬过来，张开螯牙咬住猎物的身体，毒液通过螯牙传入猎物的血液中，将猎物毒死，然后它再慢慢享用猎物。

超凡的耐力

人7天不吃饭就会饿死，但是捕鸟蛛却具有超凡的耐饿能力，一般15天吃一只昆虫即可。只要有水，100天不进食它也不会饿死。

小宇宙之光

捕鸟蛛要想成功捕获猎物，必须先编织一张结实的大网，否则就很难捕到猎物。看来，事前要做好充分的准备，才有可能顺利达到预期目标。

探索·传奇

蜘蛛家族中的“毒王”

20 世纪 90 年代，在我国的云南、广西一带发现的一个蜘蛛新种——虎纹捕鸟蛛，因其个头大，产毒多，被誉为蜘蛛家族中的“毒王”。最为难得的是，这种蜘蛛的蛛毒中可以分离出一种具有较强活性的镇痛物质，这种物质对开发新型的镇痛药物具有一定的价值。

会移动的“树枝”——竹节虫

huì yí dòng de “shù zhī” zhú jié chóng

生物特征

形似树枝的昆虫

竹节虫的身体与树木的细枝相似，故名竹节虫。世界上已知的竹节虫有 2 000 多种，中国有 100 多种。

竹节虫属于中型或大型昆虫，体长一般为 10 ~ 30 毫米。头为卵圆形，略扁，复眼小，稍突出。身体分为三节，有六条腿。多数竹节虫的体色为深褐色，少数为绿色或暗绿色。有的种类有一对翅膀，有的没有翅膀。

生活习性

栖息地

竹节虫多栖息于丛林中，它们行动迟缓，白天静伏在树枝上，晚上出来觅食。

以何为食

竹节虫以灌木、乔木的叶子为食，是一种森林害虫，有的甚至危害农作物。例如，在大洋洲沿岸有几种竹节虫常大规模食害尤加利叶，中国也有为害栎树的竹节虫存在。

不完全变态昆虫

竹节虫是不完全变态昆虫，刚孵出的幼虫和成虫类似。幼虫经过几次蜕皮后，逐渐长大为成虫。成虫的寿命比较短，一般只有3～6个月。

竹节虫小档案

别称：无

分布区域：热带和亚热带地区

所属科目：节肢动物门，昆虫纲，竹节虫目，竹节虫科

伪装大师

竹节虫是高超的伪装大师，它们可以模仿各种树枝和树叶，上演精彩绝伦的“易容术”；还能根据光线、湿度、温度的差异改变体色，将自己隐于无形。

乍现的绚丽色彩

有一部分的竹节虫有翅膀，而且翅膀内层的色彩艳丽。大多数时候，它们将翅膀收拢起来，静静地停息在树枝上，与周围的环境融为一体。一旦危险临近，它们会突然打开翅膀飞到安全地带，在翅膀打开的瞬间，绚丽的色彩足以让敌人大吃一惊。当敌人在震惊中还没有回过神来的时候，竹节虫已经消失不见，快速与周围的环境融为一体了。

断腿求生

在危机关头，如肉食动物抓住了竹节虫的一条腿，竹节虫会毫不犹豫地丢掉这条腿，然后逃之夭夭。少了一条腿的竹节虫依然可以活命，如果此时竹节虫正处于幼年阶段，还能重新长出一条腿来。当然，这种逃生的方法是不可以无限制地使用的，如果超过三次，就会危及竹节虫的生命。

小宇宙之光

竹节虫伪装求生存的做法告诉我们，抱怨只会让结果变得更糟，而主动地适应环境，才能更好地生存下去。

探索·传奇

有刺的竹节虫

在澳大利亚生活着一种竹节虫——麦克利幽灵竹节虫，它体型巨大，目前发现最长的有15厘米。它浑身覆盖着微小的尖刺，相信无论多胆大贪吃的肉食动物遇见它，都得仔细思量一番。

最长的竹节虫

2014年，在广西柳州地区发现了一种竹节虫，它全长62.4厘米，是目前发现的世界上最长的竹节虫。

林中猛禽——苍鹰

lin zhong meng qin cang ying

生物特征

一种中小型猛禽

苍鹰是一种中小型猛禽。成体体长为 0.48 ~ 0.6 米，翼展长 1.3 ~ 1.6 米。雄性体重 800 ~ 1 350 克，雌性体重 500 ~ 1 100 克。

苍鹰的羽毛颜色为杂色：头顶、枕和头侧为黑褐色；背部为棕黑色；胸部以下密布灰褐色和白色相间的横纹；尾为灰褐色，具 3 ~ 5 道黑褐色横斑。

生活习性

栖息地

苍鹰常栖息于不同海拔高度的针叶林、混交林和阔叶林等森林地带，也见于平原和丘陵地带的疏林和小块林地内，被称为森林猛禽。

苍鹰小档案

别称：黄鹰、鹞鹰、元鹰

分布区域：北半球的温带地区

所属科目：脊索动物门，鸟纲，隼形目，鹰科，鹰属，苍鹰种

食肉的猛禽

苍鹰属于肉食性动物，主要以一些鼠类、鸠鸽、榛鸡、雉类、野兔以及一些中小型的鸟类为食。

繁育后代

每年4月下旬是苍鹰的繁殖季节，在此期间，它们的活动范围较广，但行踪较为隐蔽。如果看到成对的苍鹰在天空中翻飞嬉戏并不断鸣叫，表明此时配对已完成。

此后，苍鹰会在密林深处较为僻静隐蔽的树上筑巢，它们也会利用原有的巢穴，在此基础上对巢穴进行翻新、加固。建好的巢穴一般高24厘米，深14厘米。不久，雌鹰在巢中产下2～3颗卵。卵为椭圆形，呈淡青色，卵重36克左右。卵的孵化由雌鸟来完成。雌鸟常常整日卧于巢内，不鸣叫，也很少抬头。雄鸟除捕食外，多停留在巢穴附近，担负着保卫任务。经过40天左右的孵化，幼鸟即出壳了。

抚育幼鸟的工作由雌鸟、雄鸟共同完成。幼鸟的喂食主要由雄鸟完成，它将食物撕成小块送入幼鸟嘴中，直至幼鸟可以自行觅食为止。在此期间，雄鸟还担负着警戒的任务，它时常在巢穴周围巡逻，保卫着幼鸟的安全。

苍鹰的利器

苍鹰有非常大且成钩形的喙，以便将肉从猎物身上撕下来。

苍鹰有非常有力的爪，可以轻易将猎物的脊椎骨折断。

苍鹰有强壮且充满肌肉的腿，可以携带猎物在空中飞行。

苍鹰还有极为锐利的目光，可以看见很远地方的猎物。鹰眼的敏锐源于其特殊的结构，它独特的视觉系统可将物体放大数倍，其原理如同望远镜一样，这种结构使苍鹰能够一下从许多相对运动着的景物中发现并锁定目标。

捕捉猎物

苍鹰不常在空中盘旋，大多数情况下，它隐蔽在森林中或树枝间窥视猎物。

由于苍鹰飞行快而灵活，能利用翅膀和长的尾羽来调节速度和改变方向，从而能自由地在林中穿行。一旦发现森林中的鼠类、野兔、雉类、榛鸡、鸠鸽类和其他中小型鸟类等猎物，它就迅速俯冲过去，用利爪捕猎。

苍鹰伸出爪子打击猎物时的速度为每秒钟 22.5 米，故而苍鹰捕食的特点是猛、准、狠、快，具有较大的杀伤力。

对于苍鹰来说，凡是有可能捕捉到的动物，它都要猛扑上去，用一只脚上的利爪刺穿猎物胸膛，再用另一只脚上的利爪将其腹部剖开，从而享用美食。

纵容的杀戮

在从幼鸟到成鸟的成长过程中，小苍鹰会经历手足相残的过程。在此期间，较大的幼鹰时常会杀死孵化出的另一只幼鹰。一般情况下，存活下来的通常是雌鹰，因为它们体型比雄鹰大。而面对这种杀戮行为，苍鹰的父母常常采取纵容的态度，这也许是苍鹰的父母为孩子上的第一堂关于适者生存的必修课。

小宇宙之光

如果苍鹰不曾展翅，那直上云霄的梦想就会变成空想。有时候，我们必须做出艰难的决定，开始一段新的历程，只有这样，我们才能不断成长，走向成熟。

探索·传奇

维持生态平衡的苍鹰

苍鹰在维持生态平衡方面具有不可替代的作用。20世纪50年代初期，法国的兔子成患。为了控制兔子的数量，保护农牧场，法国人使用了一种病菌致使野兔患病，并在野兔之间传染，使得野兔的数量在短时间内急剧减少，但是，欧洲其他国家却因此而遭殃了。因为这些国家兔子的数量维持在正常水平，而病菌的流行造成90%的兔子死亡。可是，在西班牙南部地区生活的兔子却一直保持相当的数量，这是为什么呢？

原来，西班牙南部地区的猛禽较多，而感染病菌的病兔又较易被猛禽捕杀，染病的兔子不断被淘汰，于是这种病菌并没有在兔群中流行。看来，如果没有苍鹰这样的猛禽，西班牙南部地区的兔子也不会幸免于难。

这个故事告诉我们，苍鹰捕猎是在帮助捕食对象群体淘汰体弱多病、无生存竞争能力的个体，从而保证猎物群体的健康及竞争力，因此苍鹰在维持生态平衡方面作用重大。

尾似古琴的鸟——黑琴鸡

wei si gu qin de niao hei qin ji

生物特征

尾巴似琴的鸟

黑琴鸡的形状似雉鸡，但却不是鸡，而是中等体型的鸟类。体长 45 ～ 60 厘米，体重 1 ～ 1.6 千克。雌鸟和雄鸟区别较明显。

雄鸟的羽毛为黑色，并且带有蓝绿色的金属光泽，尤其颈部更为明显。它的翅膀上有白色的斑块，称为翼镜。它的尾羽较为特别，由 18 根羽毛组成，最外侧的三对呈镰刀状，向外弯曲，与古琴的形状相似，故有“黑琴鸡”之美称。

雌鸟的羽毛一般为棕褐色，密布黑色和赭褐色横斑，翅膀上也有白色的斑块，但不明显。它的尾羽虽然也呈叉状，但外侧的尾羽不长，也不向外弯曲。

雌鸟和雄鸟眼睛内的虹膜为褐色，眼上的裸皮呈橘红色，嘴和腿、脚都是暗褐色。

生活习性

栖息环境

黑琴鸡属于林栖鸟类，主要栖息于海拔600 ~ 900米的针叶林、针阔叶混交林或森林草原地区，尤其喜欢在落叶松林、樟子松林、白桦林、山杨林及其他阔叶林组成的混交林中活动。黑琴鸡喜欢群居，其群体数量从几只到上百只不等。

以何为食

黑琴鸡小档案

别称：斗鸡、黑野鸡

分布区域：欧亚大陆北部、俄罗斯南部、蒙古、朝鲜北部以及中国的黑龙江、新疆等地

所属科目：脊索动物门，鸟纲，鸡形目，松鸡科，松鸡属，黑琴鸡种

黑琴鸡的食物主要是各种乔木和灌木的嫩芽、浆果、花和种子。如桦树、柳树的嫩芽，艾蒿、蒲公英的嫩叶，山荆子、草莓、蔷薇的种子等。另外，黑琴鸡也捉昆虫吃，如蝗虫、瓢虫等，还会吃蜗牛、蜘蛛、蚂蚁等小动物。

一般来说，在春、夏、秋三个季节，它主要在地面取食，而冬季则多在树上取食。

繁殖

黑琴鸡属于一雄多雌的婚配类型，在每年的 3 月底，黑琴鸡就进入了繁殖期。在这一时期，雄鸟最显著的变化是眼上方由皮质的丝状物构成的眉纹开始充血膨胀，呈鲜艳的血红色。

5 月，雌鸟开始建巢，巢多建在灌木丛中或草丛中。不久，雌鸟就会产下 8 ~ 10 颗卵，雌鸟开始了孵卵工作。大约 20 天后，雏鸟破壳而出。刚孵出的雏鸟就像黄褐色的绒毛球，带有黑色的纵纹和斑纹，十分活泼可爱。

半个月后，雏鸟可以做短距离的飞翔了；一个月后，雏鸟就能飞到大树上栖息了。到了秋天，它们便集结成十几只的群体，共同活动和觅食。

黑琴鸡的特长

黑琴鸡善于在地上奔跑，也很善于飞翔，但不能进行持久的远距离飞翔。黑琴鸡还善于鸣叫，尤其是雄鸟能颤动整个身体，发出一连串类似于吹水泡和拉风箱的美妙歌声。

御寒的本领

黑琴鸡所生活的区域冬季非常寒冷，有时最低温度达 −40℃以下，它们是如何安然度过寒冷的冬季的呢？

原来，黑琴鸡黑色的羽毛能大量地吸收太阳光的热量，增强了御寒能力。它们平时也很少活动，只在下午阳光充足的时间段到食物丰盛的山谷地带觅食。

晚上，黑琴鸡在雪地上用爪子扒出一个深深的雪窝，然后钻入其中，凛冽的寒风对它也无可奈何。

小宇宙之光

对春天的渴望足以让黑琴鸡忘却冬季的寒冷，因为它们知道，冬天来了，春天将不再遥远。熬过了今天的冬，就意味着向明天的春迈进了一步，而迎接春天的唯一办法就是坚强而勇敢地活着。

探索·传奇

雄鸡求偶

在繁殖季节，黑琴鸡求偶的场面非常有趣。数只雄鸟聚集于雌鸟前将尾下覆羽呈扇状竖起，鼓起红色的冠状肉瘤，咕咕叫着“跑圈”炫耀、振翅跳跃和短距离飞跃，这些还是比较优雅的求偶方式。有时候，两只雄鸟为了争夺配偶常常会大打出手。打斗激烈时，红色的冠状肉瘤会被对方啄破，鲜血直流。

换装大师——岩雷鸟

huan zhuang da shi yan lei niao

生物特征

体形中等的鸟

岩雷鸟体形矮胖，属于中小型的鸟。成鸟体长 36 ~ 40 厘米。它们身体上部呈黑褐色，并夹杂黄棕色斑纹，羽端为白色；身体下部呈白色，尾部为黑褐色。脚及趾均覆盖着白羽。喉部及胸部为黄色，并夹杂黑褐色横斑。

冬季，岩雷鸟的羽毛均变为白色，但尾部呈黑色。自嘴角至眼后有一条宽的黑色过眼纹。

生活习性

岩雷鸟小档案

别称：雪鸡

分布区域：全北界的冻土苔原带和高山苔原带

所属科目：脊索动物门，鸟纲，鸡形目，松鸡科，雷鸟属，岩雷鸟种

栖息环境

岩雷鸟生活在苔原至亚寒带针叶林一带。夏天和秋天常出没于灌木丛、草甸、高山草原等地区，冬季则向气候较暖地区移动。它们喜欢成群地生活在一起，常常结成 5 只以上的小群，有时会结成几百只的大群。

以何为食

岩雷鸟以各种灌木和草本植物的嫩枝、嫩叶、花、浆果、种子和果实等为食。

繁殖

雌鸟每窝产卵 6 ~ 13 枚，卵的颜色为赭色，表面密布栗色斑点。孵卵是雌鸟的工作，孵化期为 24 ~ 26 天，在此期间，雄鸟在周围巡视，担负保卫工作。雏鸟出壳后，亲鸟则不辞辛苦地觅食，共同来扶养它们的后代。

换装大师

绝大多数鸟类一年换两次羽毛，即一次冬羽和一次夏羽。但岩雷鸟一年之中伴随着四季的变化，要换四次羽毛，是鸟类中换羽次数最多的。

每当春天到来之际，岩雷鸟将头部、颈部及胸部的白色冬羽换上带有暗色横斑的棕黄色“春衣”，配上红色的眉纹，很具有春天欢快的色彩。

炎热的盛夏来临之时，岩雷鸟开始新一轮的换装，它们从头至尾换上一身栗褐色的羽衣，只在翅膀和尾部尖端还留有白色羽毛。

秋天丰收之时，为了适应新的气温，雷鸟也会脱下夏服，披上秋装，变成具有黑色带斑和块斑的暗棕色的羽毛。

通常，在大雪纷飞的冬天，很难看到鸟类外出觅食，但岩雷鸟不同，它们能够在雪天自由飞翔。此时，它们的羽毛也变成了白色，在雪地里可以躲过天敌的眼睛。

岩雷鸟的这种换装本领，是长时间的自然选择形成的本能，生物学上把它叫作保护色。

小宇宙之光

改变外界环境是很难的，而改变自己却很容易。当环境无法改变的时候，我们不妨学一学岩雷鸟：改变自己。

探索·传奇

受保护的野生动物

岩雷鸟属于国家二级保护动物，在中国分布区域狭窄，数量非常少，仅见于新疆西北部的阿尔泰山地区，我们应该对这一珍稀物种严加保护。

缝纫专家——缝叶莺

feng ren zhuan jia　feng ye ying

生物特征

会缝纫的鸟

缝叶莺，顾名思义是会缝纫的鸟。在鸟的王国中，缝叶莺以独特的筑巢本领而闻名于世。它身形小巧，性情活泼，总是不停地运动或发出尖叫声，十分惹人喜爱。

缝叶莺头部呈橙黄色，尾部呈灰白色，身穿橄榄绿色或暗褐色衣服，体长 10 厘米左右。缝叶莺的喙细长而微微弯曲，两脚瘦长而强劲有力。

生活习性

栖息地

缝叶莺生活在树木和灌木丛中，集群生活，常结成数十只甚至数百只的大群。

食物

缝叶莺主要取食植物种子，在稻谷等农作物成熟时，也窃食稻谷，繁殖期兼食昆虫。

缝叶莺小档案

别称：无

分布区域：亚洲的南部和东南部

所属科目：脊索动物门，鸟纲，雀形目，鹟科，缝叶莺属

缝纫专家

缝叶莺是缝纫高手，它们先选择一两片香蕉叶或野葡萄叶做巢的主体，利用植物纤维、蜘蛛丝或者人们丢弃的细线等做缝线，以自己的长喙当“缝针”，加上脚爪的配合，就会缝缀成一个口袋形的巢。

在缝缀的时候,它们先是将树叶的边缘叠合起来,在据叶缘1～2厘米处，用细长的嘴打一些孔，然后穿上线。为了使缝线不松脱，它们居然还会在一些地方打上结呢。接下来，它们用草茎将叶柄系在树枝上，免得鸟巢被风吹落。它们甚至还将巢建有一定的倾斜度，不让雨水淋湿鸟巢。如此复杂精巧的缝纫技术，令人惊奇。

巢缝好后，缝叶莺就欢欢喜喜地在林中飞来飞去，四处寻找枯草、羽毛和植物纤维等，衔回来垫在窝里，做成一个温暖而舒适的“新房”。

小宇宙之光

缝叶莺从来不惧怕风雨，因为它们亲手为自己编织了一个足以遮风挡雨的窝。看来，舒适的生活离不开辛勤汗水的浇灌。

探索·传奇

生活在我国的缝叶莺是益鸟吗

我国有一种缝叶莺，大多数分布在云南省。它们活动在村落附近的园圃、竹林和小乔木间，活泼好动，终日跳跃在枝叶上觅食昆虫。所以，缝叶莺不但是筑巢的能工巧匠，而且能消灭大量害虫，是保卫园圃和森林的卫士。

知时劝农勤——杜鹃

zhi shi quan nong qin

du juan

生物特征

叫声婉转的鸟

杜鹃在动物分类学上是鸟纲鹃形目中的一个科，由于它们在鸣叫的时候发出“布谷”的声音，所以人们称之为布谷鸟。

杜鹃科的鸟种类很多，如大杜鹃、四声杜鹃、鹰头杜鹃、中杜鹃、小杜鹃等。它们虽然体形大小不同，却都具有身体细长，尾长，腿强壮的特征。多数种类为灰褐色或褐色，少数种类有明显的赤褐色或白色斑。它们的脚有四趾，两趾向前，两趾向后，飞行时迅疾无声。

杜鹃常常在早上鸣叫，叫声婉转，平均每分钟能叫 24 ~ 26 下，有时能连续叫半小时才稍作休息。

生活习性

杜鹃小档案

别称：子规，布谷鸟，杜宇

分布区域：全球的温带和热带地区

所属科目：脊索动物门，鸟纲，鹃形目，杜鹃科

栖息地

杜鹃主要分布于全球的温带和热带地区，在东半球热带地区种类尤多。它们大多生活在山区或荆棘丛生的矮树林里，性情机警又显得较为胆小，常闻其声而不见其形。

食物

杜鹃主要以动物性食物为主，包括鳞翅目幼虫、甲虫、蜘蛛、螺类等，它们食量很大，对消灭害虫起着积极的作用。

迁徙的候鸟

对于生活在北方的人们来说，只有在春季四五月份的时候才能听到杜鹃的叫声。因为它们是一种候鸟，随着季节的变化而迁徙。

春天，北方的气候变暖，杜鹃就会来到北方繁殖，到了秋天天气变冷的时候，它们飞往南方过冬，第二年春天的时候，再飞回来。它们这种随季节变化而迁徙的习性年年都如此，从不改变。

巢寄生的鸟

杜鹃的繁殖方式与其他鸟类不同，它们采用一种独特的巢寄生方式繁育后代。

巢寄生就是将自己的卵产在其他鸟的鸟巢中，由这个鸟巢的主人代为孵化和育雏的一种特殊的繁殖行为。据动物学家研究发现，并不是所有的杜鹃都采用巢寄生的方式繁育后代，如生活在北美洲的杜鹃可以自己筑巢和亲自哺育幼鸟，只有约1/3的杜鹃以巢寄生的方式繁育后代。那么，采用巢寄生方式繁育后代的杜鹃是怎样做

到这一点的呢？

原来，在产卵之前，杜鹃会在其他鸟类不注意的时候，来到像知更鸟、刺嘴莺等那些比它们小的鸟类的巢中，偷偷移走巢中的一个卵，将自己的卵产在巢中取而代之。当然，杜鹃做这件事的时候必须迅速而不留痕迹，否则被巢的主人发现，它的育儿计划就失败了。

另外，杜鹃在选择产卵的鸟巢时，必须找巢中的卵与自己所产的卵大小和颜色相近的，这样才不会被寄主发现。否则，它的卵就会被寄主毫不留情地扔出去。

杜鹃的卵成功寄生后，它便撒手不管了，接下来的孵化和育雏的任务完全由寄主来完成。

通常，杜鹃的雏鸟会比寄主巢中其他鸟的卵提前破壳而出。幼鸟出壳后，会把其他的卵推出巢外。它之所以这样做，是因为它不久就会长得很大，而它所需要的食量相当于 3 ~ 4 只其养母亲生的幼鸟所需食物的总量。

到了小杜鹃快要离巢时，它的亲生母亲会不误时机地赶来，落在附近的树枝上，一声声地叫起来。小杜鹃听到这种叫声，本能地知道亲生母亲在召唤它，便纷纷闻声飞过去，随着雌杜鹃一起飞走了。

小宇宙之光

每到农耕时分，杜鹃都会准时出现，发出“布谷布谷”的鸣叫，这种执着精神值得我们学习。

探索·传奇

子规喋血

在我国古代，人们称杜鹃为子规，古语中有“子规喋血”之说，意思是这种鸟喜欢不停地高歌长鸣，直到耗尽最后一滴血为止。事实上，杜鹃的口腔上皮和舌头都是红色的，古人误以为它们由于不停地鸣叫，以致叫得嘴里都流血了。当然，这种说法也寄托了古人对杜鹃这种奉献精神的赞扬。

大自然的歌唱家——黄鹂

da zi ran de ge chang jia　huang li

生物特征

色彩艳丽的鸟

黄鹂是一种中等体型的鸣禽，属于黄鹂科黄鹂属鸟类的通称。成鸟体长约25厘米，色彩艳丽，叫声悦耳，常被人们作为观赏鸟。

黄鹂的羽毛多为黄色，雄鸟的鸟体、眼线、翼及尾部均有色彩鲜明的亮黄色和黑色分布。雌鸟羽色较暗淡而多绿色。

生活习性

黄鹂小档案

别称：黄莺

分布区域：除新西兰和太平洋岛屿以外的东半球热带地区

所属科目：脊索动物门，鸟纲，雀形目，黄鹂科，黄鹂属

穿梭于树市之间

黄鹂主要生活在温带地区的平原至低山的森林地带或村落附近的高大乔木上，树栖性。

食物

黄鹂的主要食物是各种昆虫，有时候也啄食浆果。对人类来说是一种益鸟。

繁育后代

每年的 5 ~ 8 月是黄鹂的繁殖季节，它们将巢筑在树枝上，巢呈吊篮状，以麻丝、碎纸、棉絮、草茎等编成。

黄鹂每窝产卵 2 ~ 4 枚，卵呈粉红色，带有紫红色的斑点。产卵后，由雌鸟孵卵，孵化期为 14 ~ 16 天。

育雏活动由雄鸟和雌鸟共同担任。雏鸟的食物全部是昆虫，初期以蛾类的幼虫为主，中期及后期则辅以蛾类和小型的蝉类等。

迁飞习性

生活在北方的黄鹂多为候鸟，在寒冷的冬天会迁飞到南方过冬，迁徙时不集群；生活在南方的黄鹂多为留鸟。

大自然的歌唱家

黄鹂是大自然的歌唱家，它的鸣声圆润嘹亮，富有韵律，十分悦耳动听。自古以来为我国人民所喜爱，成为家庭饲养的宠物。

消灭农业害虫的能手

黄鹂是消灭农业害虫的能手，爱吃蝗虫、天蛾、金龟子、毛虫和蝇类。一只成鸟一天能够吃掉 100 ~ 200 条害虫，是农作物的保护神，是农民的好朋友。

小宇宙之光

在生命的每一天，黄鹂都是从婉转的歌声开始的。现实生活中，无论身处何种境地，都应该像黄鹂一样，用快乐去描绘，这样的人生才更精彩。

探索·传奇

古人眼中的黄鹂

黄鹂以它的美丽为大自然增添了色彩，大诗人杜甫曾以“两个黄鹂鸣翠柳，一行白鹭上青天”的诗句赞美它。

黄鹂以鸣声而著称，古人把它的鸣啭称为“莺歌”“黄簧”，是诗人经常歌咏的对象。古人以莺音入诗者，如“莺歌暖正繁”“暖入黄簧舌渐调”“夏木阴阴啭黄莺”“隔叶黄鹂空好音”等。